东莞植物园科普丛书

植物园
小植物涂鸦

李宇枫　陈沂章　刘志贤　主编

Botanical Garden
Small Plant Graffiti

化学工业出版社

·北京·

内容简介

《植物园小植物涂鸦》是"东莞植物园科普丛书"之一，本书内容以植物园的常见植物为主，既有小灌木、小藤本、小乔木，亦有诸多植物的小叶、小花、小果，字里行间无处不见"小"，需要细细品读。书内详细介绍了植物的生长习性、形态特征、文化趣闻和应用价值等内容，还搭配线描手绘稿，设计成涂色页面，读者可以直接在书上进行涂色实践，通过细致的描绘，从而加深对植物的认识。

本书适合各类公园、植物园科普馆工作人员，中小学生及热爱大自然的大众阅读参考。

图书在版编目（ＣＩＰ）数据

植物园小植物涂鸦/李宇枫，陈沂章，刘志贤主编.—北京：化学工业出版社，2024.1
ISBN 978-7-122-44373-1

I.①植… II.①李…②陈…③刘… III.①植物-普及读物 IV.①Q94-49

中国国家版本馆CIP数据核字(2023)第202668号

责任编辑：李　丽　　　　　文字编辑：赵爱萍
责任校对：宋　玮　　　　　装帧设计：史利平

出版发行：化学工业出版社
　　　　　（北京市东城区青年湖南街13号 邮政编码100011）
印　　装：盛大（天津）印刷有限公司
889mm×1194mm　1/16　印张7¼　字数124千字
2024年2月北京第1版第1次印刷

购书咨询：010-64518888　　　售后服务：010-64518899
网　　址：http://www.cip.com.cn
凡购买本书，如有缺损质量问题，本社销售中心负责调换。

定　　价：89.00元　　　　　　版权所有　违者必究

丛书编委会 //

主　任：刘永定

副主任：陈创业　钟伟楠

编　委：刘永定　陈创业　钟伟楠

　　　　黄俊庆　黄小凤　郑文芬

分册编写人员 //

主　编：李宇枫　陈沂章　刘志贤

副主编：郑文芬　凌娃娃　黄钰倪

编写人员（按姓氏汉语拼音排序）：

　　　　陈沂章　黄钰倪　李　欣　李宇枫

　　　　林石狮　凌娃娃　刘志贤　郑文芬

前言/
PREFACE

　　东莞植物园位于广东省东莞市南城区，是东莞市城市管理和综合执法局下属的公益一类事业单位，以植物保育、科研科普、生态休闲为主要功能，建设了岩石园、兰花园、草药园等植物专类园。园区开放面积200.5公顷，西连水濂山水库，东邻同沙生态公园，南接水濂山森林公园和现代农业科技园，共同组成了东莞市中心核心的城市绿地板块。

　　作为一个地方植物园，我们力求服务于当地市民，并期望结合我们内部的物种保育和植物科研工作，向公众普及自然与生态的观念，有效践行植物园在本地的科普功能。人们去到植物园，除了休闲游览以外，也常常好奇园里那些美丽的花朵、漂亮的叶子：它们究竟是什么？有什么故事？因此，需要有一本书来告诉你答案，让你看到这些植物背后的故事。为此，我们将倾力打造"东莞植物园科普丛书"。

　　作为本丛书的首部作品——《植物园小植物涂鸦》，我们期望能首先利用这种趣味性强的涂鸦本、涂色本形式，帮助读者养成细心观察自然的良好习惯，以期读者通过本书培养对植物的兴趣，倡导由欣赏进一步走向了解，以更强的互动方式亲近自然。

　　市面上的涂色本图书多为常见水果和蔬菜，并且都作了简单化的处理，很少有体现植物的精细特征的植物涂色类图书。同时也缺乏植物形态、分布、习性等信息，也鲜有介绍植物背后的文化和故事。本书图文并茂地介绍了植物的生长习性、形态特征、文化趣闻和应用价值等内容，更进一步提供了线描手绘稿，设计成涂色页面，读者可以直接在书上进行涂色实践，动手、动心，逐渐加深对自然界的认识和兴趣。

编者

2023 年 10 月

001　　一、
　　　　灌木类

035

二、
草本和藤本类

071

三、
乔木类

一、灌木类

（一）叶子花

1.基本信息

　　叶子花（*Bougainvillea spectabilis*），紫茉莉科叶子花属，藤状灌木，原产于巴西，我国南方栽培种植于公园、庭院、路旁，北方栽培于温室。

2.形态特征

（1）枝叶特征

　　叶子花枝条长而柔韧，生长快，常下垂，因茎枝上有刺，刺在粤语里为"簕"，故又名簕杜鹃。叶子花的叶顺着枝条生长，为常规的卵形。

（2）花部特征

花常常生于枝条的顶端，有趣的地方是，我们看到的三片颜色鲜艳的地方，并不是叶子花的花瓣，这是一种特殊的结构，叫做苞片，叶子花真正的花就长在苞片上，就是中间顶端白色的管状花，虽然比起艳丽的苞片，火柴棍一样的管状花不够显眼，但却是货真价实的花。

▲ 橙色和白色的叶子花

3. 植物趣闻——叶子花的马甲

叶子花有着热情奔放、坚韧不拔、顽强奋进的花语，它是赞比亚的国花，也是我国西昌市、深圳市等多个城市的市花，除了旺盛的生命力，人们也喜爱叶子花颜色热烈鲜艳的苞片。

苞片并不是叶子花特有的结构，其他很多植物都有苞片，但叶子花的苞片为什么要进化成这样特别的形状和颜色呢？

原因就是叶子花真正的花太小了，在一众又大又艳丽的花花世界中毫无吸引力，很容易被授粉昆虫忽视，从而失去了授粉机会。因此，叶子花"想"了一个办法，将花朵旁边的结构变得又大又艳丽，充当花瓣的作用，这样既能达到吸引昆虫授粉的目的，也能降低开花的营养消耗，让更多的营养投入到生长和开出更多的花中，提高自身的竞争力，一举多得，十分"聪明"。

在自然界中，这样的好办法可不是叶子花一家独有的，比如像我们熟悉的绣球花，绚烂的部分是它特化的花萼；路边常见的玉叶金花，特化的雪白大萼片也很容易让人一眼就注意到它。

不过即便有了鲜艳的苞片，叶子花在中国依旧不能正常结果，这又是为什么呢？其实是因为叶子花真正的花太过细长，在它的原产地南美洲巴西，只有蜂鸟拥有足够细长的喙来帮助其完成传粉，而中国没有蜂鸟，自然也就没办法结果。

（二）虾子花

1. 基本信息

虾子花（*Woodfordia fruticosa*），千屈菜科虾子花属，低矮的多年生灌木，又叫虾仔花、吴福花。初看这名字可能会以为虾子花是指虾爱吃的花花，其实它的名字来源于虾子花盛开时，远远望去，细细密密的花朵在枝头上就像一只只煮熟的红色"小虾"，由此得名。

虾子花原产于广东、广西和云南，是非常优良的鸟类、蝶类乡土食源植物。

2. 形态特征

（1）枝叶特征

虾子花叶片对生，近革质，披针形或卵状披针形，顶端渐尖。

（2）花部特征

　　虾子花花量大，它的花瓣小而薄，淡黄色，线状披针形。花萼筒状，鲜红色。雄蕊及丝状花柱稍突出于花萼外。

▲ 红彤彤的花朵就像一只只煮熟的红色"小虾"

3. 植物趣闻——虾子花开鸟儿来

　　每到虾子花盛花期，满树的花朵红彤彤的一片，蔚为壮观。虾子花不仅漂亮，而且是非常好的蜜源植物，它的花冠特化，尤其适合鸟类、蝶类动物取食其花蜜，每到花期，虾子花便吸引叉尾太阳鸟、长尾缝叶莺、暗绿绣眼鸟等鸟类及一些蜂类、蝶类等动物前来取食，享用属于它们一年一度的"饕餮盛宴"。

▲ 暗绿绣眼鸟在枝头上取食虾子花花蜜，真羡慕鸟儿们都实现了"虾虾"自由呀

4. 景观应用

　　虾子花花色鲜红，花量较大，是园林园艺上爱用的景观花卉植物，适宜在庭院池畔、草坪丛植或孤植。

▲ 虾子花在东莞植物园的景观应用效果

（三）绣球

1. 基本信息

绣球（*Hydrangea macrophylla*），别名八仙花、紫阳花，绣球花科绣球属，灌木，花期6~8月。

绣球原产于中国、日本和朝鲜。在动漫大师宫崎骏的动画世界里，绣球总是出现在其清新柔美的背景里。它的花序大而密集，花开时节，花团锦簇，十分梦幻。

2. 形态特征

（1）枝叶特征

绣球叶子对生，叶片较肥厚，光滑，椭圆形或宽卵形，先端锐尖，边缘有粗锯齿。

▲ 绣球花叶片形态

▲ 绣球花叶片背面

（2）花部特征

绣球伞房状聚伞花序近球形或头状，花密集。

绣球"花"非花，绣球真正的花并非人们看到的那样，花萼是一个神奇的存在，有时我们看到的"花瓣"并不是花瓣，而是花萼，吸引眼球的绣球看起来是外围的一圈大片花瓣包围着里面的小花，但其实外围的"大花"是花萼，用来吸引昆虫，里面的小花才是真正的花。

真正的花

花瓣状的花萼

▲ 绣球的不孕花，可见最外层四枚花萼、中间四枚花瓣以及不孕的花蕊

◆ 植物园小植物涂鸦

3. 植物趣闻——绣球的变色之谜

日本现存最早的诗歌集《万叶集》中写道"树木静无言，无奈紫阳花色变，迷乱在心间"，道出了绣球的花色变化。绣球丰富的花色尤其还有植物界中比较少见的清冷蓝色，是它广受喜爱的原因之一。这也吸引了许多园艺学家探究绣球的花"变色之谜"。

经研究发现，绣球花含有一种花青素，花萼吸收到铝离子后，该色素与铝离子相互作用，会呈现出蓝色。而土壤酸碱度决定着绣球能否吸收到铝离子，当绣球种植在酸性土壤条件下时，土壤中的铝离子容易游离出来并被绣球所吸收，进而开出蓝色花。碱性条件下，土壤中的铝离子处于结合态不能被绣球吸收，因而开出红色花。

▲ 绣球花色变化

4.景观应用

  绣球花团锦簇，是广受喜爱的鲜切花，也是优良的园林观赏植物，园林中可配置于稀疏的树荫下及林荫道旁，或片植于阴向山坡，植于花境中更能体现自然野趣之美。让我们来看看绣球在东莞植物园的应用形式。

▲ 植于林荫道旁的绣球

▲ 植于花境中的绣球　　▲ 片植于阴向山坡的绣球

（四）杜鹃花

1.基本信息

　　杜鹃（*Rhododendron simsii*）为杜鹃花科杜鹃花属的落叶灌木，在南方低海拔地区则半落叶或不落叶，高2～5米，主要分布在我国南部、西南和华南地区，喜酸性，为典型的酸性土壤指示植物。花期4～5月，果期6～8月。

2.形态特征

（1）枝叶特征

分枝多而纤细，叶革质，常聚集生在枝端，边缘微微反卷并带有细齿。

（2）花部特征

花冠阔漏斗形，2～6朵簇生于枝顶，有玫瑰色、鲜红色或暗红色，上部裂片具深红色斑点。

3.植物文化

　　杜鹃，又被称为杜鹃花、山踯躅、山石榴、映山红、照山红和唐杜鹃等。杜鹃花
整株各部分均有毒性，古时人们放羊时发现羊吃了杜鹃花的枝叶会徘徊，走不稳，严
重者甚至会死亡，故称之为"山踯躅"；因杜鹃花与石榴花红艳的颜色相似，东晋前
后人们又称杜鹃花为"山石榴"；映山红与照山红之名则顾名思义，当杜鹃花开，放
眼望去，漫山遍野的殷红，映照了整个山头；而"杜鹃"之名与杜鹃鸟的传说相关，
传说中古蜀国一位君王死后化为杜鹃鸟，春日中鸣啼不已，提醒人们耕种，直至啼血
不止，染红了树下的杜鹃花，唐代李山甫《闻子规》中写道："断肠思故国，啼血溅

芳枝。"唐代诗人白居易曾寄赠杜鹃花给好友元稹，在《山石榴寄元九》中写道："山石榴，一名山踯躅，一名杜鹃花，杜鹃啼时花扑扑。"杜鹃鸟啼之时即是杜鹃花开之日，杜鹃花之名便越来越为后人所熟知，流传至今。

4. 知识拓展

杜鹃又是所有杜鹃花的通称，泛指所有的杜鹃花属种类和人工培育的不同品种。杜鹃花属在全世界有近 1000 种，我国有近 600 种，占 60% 多。我国是名副其实的杜鹃花王国，杜鹃花种类繁多的横断山区和喜马拉雅地区是世界杜鹃花的现代分布中心之一。而经数百年的栽培和人工培育，世界上杜鹃花的品种已经近万种。人们根据杜鹃花品种的花期、栽培的来源地等，将杜鹃花分为五个品系，分别为春鹃、夏鹃、西鹃、东鹃和高山杜鹃品系。

常见的杜鹃花通常为灌木，然而有一种杜鹃却是高大的乔木，那就是我国云南高黎贡山特有的大树杜鹃（*Rhododendron protistum* var. *giganteum*）。大树杜鹃可高达 30 米左右，不输其他的高大乔木，胸径超过 1.5 米，要两至三个成年人才能将它围抱。此外，叶子和花也是非常硕大，站在树下仰望盛放的大树杜鹃，红云紫霞，可谓极其震撼。除了大树杜鹃这种世界上最高大的杜鹃，高度最小的杜鹃花也产于我国，就是我国东北长白山特有的杜鹃——叶状苞杜鹃（*Rhododendron redowskianum* Maxim.），也叫云间杜鹃，植株高度仅 10 厘米，堪称最小杜鹃。但是叶子最小的却不是云间杜鹃，而是我国特有的另外一种杜鹃——草原杜鹃（*Rhododendron telmateium*），草原杜鹃叶子狭椭圆形，长 1 厘米左右，如果把长达40 厘米的大树杜鹃叶子与之放在一起对比，那大树杜鹃的叶子就是巨人中的巨人了，因此草原杜鹃也被人们形象地称为豆叶杜鹃。

杜鹃是我国传统的十大名花之一，也是我国三大自然野生花卉之一（另外两种为龙胆与报春花）。深受人们喜爱的杜鹃花被评为安徽、江西和贵州等省的省花，还被评为长沙、赣州和韶关等多地的市花，此外朝鲜、尼泊尔和比利时还将杜鹃花作为国花。

（五）地棯

1.基本信息

地棯（*Melastoma dodecandrum*），俗称乌地梨、铺地锦，野牡丹科野牡丹属，匍匐小灌木，茎逐节生根，分枝多。花期5～7月，果期7～9月。

地棯分布较广，国内产地主要有贵州、湖南、广西、广东、江西、浙江、福建等。一般生于山坡矮草丛中，为酸性土壤常见的植物。

2.形态特征

（1）枝叶特征

叶片的形状一般是卵形或椭圆形，先端渐尖，叶片表面通常仅边缘被毛，背面则基出叶脉稀疏被毛，叶柄短。

▲ 地棯叶片表面

▲ 地棯叶片背面

▲ 地棯匍匐枝叶

（2）花部特征

花瓣淡紫红色至紫红色，倒卵形；雄蕊比较特别，共有10条，5条长的，5条短的，长的紫色雄蕊伸出来，短的黄色雄蕊则较小；子房周边部分有比较多刺毛。

▲ 地稔开花

▲ 地稔花蕾

（3）果实特征

果实为球状浆果，体形较小，成熟的果实外皮深紫色，远观似一颗颗小黑果，在一大片地稔丛中，着实不容易发现。地稔的果鲜食，有淡淡的酸甜味，果肉呈红色，果肉中的细籽可咀嚼，果实整体口感有点像蓝莓。

▲ 地稔成熟果实

▲ 地稔果实切开

3. 植物趣闻

说起地稔，对很多农村的孩子们而言，或许都不陌生，能够回忆起童年时采摘野果的景象。南方各地皆有分布，民间有句俗话说，"六月六地稔逐粒熟，七月七地稔熟到甩"。也就是说，从六月初六开始，就已经开始有地稔逐渐成熟了，到了七月初七，地稔就熟透脱落了。

4. 景观应用

地稔喜生长在酸性土壤，生活力较强，一般能够长成一片，而且具有耐旱、耐贫瘠、生长迅速等特点，甚至在石缝中亦能很好地生长开花。地稔的叶片浓密，在地表贴伏生长，能形成平整、致密的地被层，覆盖效果好，是良好的地被植物，观赏价值较高。

▲ 地稔铺地生长

二、草本和藤本类

（一）睡莲

1.基本信息

　　睡莲（*Nymphaea tetragona*），睡莲科睡莲属，水生草本植物，常生长在池沼中，在我国广泛分布，俄罗斯、朝鲜、日本、印度、越南、美国均有分布，现在多为人工栽培的园林品种。

2.形态特征

　　（1）枝叶特征

　　睡莲花叶贴生在水面，它的叶子像是被切走一块的比萨饼，平坦而光滑，缺了的一角是睡莲为了更好排走叶面上的雨水而进化出的独特形状。

　　（2）花部特征

　　睡莲的花由于品种的不同，颜色和花瓣数量也不同，和我们更加熟知的荷花的花朵外形有相似之处，但睡莲的花瓣更细更多，更重要的是，睡莲的花心没有荷花的莲蓬结构，只有丝状的雄蕊和小小的圆形雌蕊，这也是睡莲和荷花最重要的区别。

◆ 植物园小植物涂鸦

3. 植物趣闻——睡莲真的会睡觉吗?

睡莲作为历史悠久的名花,在世界各国都享有盛誉,是莫奈笔下流光溢彩的精灵,是古希腊神话中名为宁芙的仙女,是古罗马时期美丽与圣洁的象征。除了梦幻优美的花朵,睡莲的名字也为人津津乐道,那睡莲真的会睡觉吗?

答案是会的,大部分的睡莲会像人类一样,有着规律而稳定的"睡眠",日出而作,日落而息,睡莲的花会在日出之时从水底探出花苞盛放,等到日落西山的时候又会慢慢将花瓣收起,沉入水底,等第二天又重复"起床睡觉"的动作。

那睡莲为什么会睡觉呢?难道也像人类一样会疲累,需要休息?其实不是,睡莲花瓣这种规律的开放闭合只是因为睡莲是个不折不扣的"追光者",在没有光线的夜晚,为了减少蒸腾和防止娇嫩的花瓣被冻伤,才会将花瓣收起来,形成了这种看似"睡觉"的行为。

4. 知识拓展

其实除了睡莲,植物家族里还有许多成员一样会"睡觉",比如含羞草、合欢、酢浆草晚上会将叶片合起来,牵牛花会在晚上将花筒卷缩合拢起来,第二天再张开。生物这种规律的遵循时间变化而改变状态的习性,是由生物体生命活动的内在节律性,专业上叫"生物钟"导致的,像午时花在中午开花,昙花选择在晚上开放,它们实际上和"睡觉"的睡莲一样,都是为了更好地适应环境而进化出来的生物节律性现象。

▲ 准备"睡觉"的睡莲

（二）金银花

1.基本信息

金银花（*Lonicera japonica*），忍冬科忍冬属，藤本植物，由于植株常绿，经冬不凋，故也得名忍冬，金银花广泛分布于我国大部分地区。常常生长在山坡灌丛或疏林中、乱石堆、山路旁及村庄篱笆边，也常被人工栽培。

2.形态特征

(1) 枝叶特征

金银花的叶是对生的，十分有规律，叶形也是常见的椭圆形。

(2) 花部特征

花朵常常长在枝条的前端叶腋位置，一般会同时见到有黄白两种颜色的花，远看金银相间，十分漂亮，近看花朵是管状的，先端裂开，分别朝上下反卷，中间的丝状物是它的雄蕊和雌蕊，整朵花看上去像是一筒刚绽放的礼花，又像是振翅欲飞的天鹅。

3. 植物趣闻——会变色的魔法家

金银花由于一株植株上能同时长出金花（黄）和银花（白）两种颜色的花而得名，十分神奇，那金银花为何会开出两种颜色的花呢?

其实金银花并不是一起开出黄白颜色的花，所有的花刚开放的时候都是白色的，然后会由白色慢慢变成黄色，直到凋谢，这是一个十分神奇的变色过程，科学家对其进行研究，发现变色是由金银花里绿原酸等成分发生氧化导致的，就像切开的苹果表面的物质也会因为接触氧气发生氧化而变色一样。

此外，科学家还发现，金银花这种变色过程并不是无意义的，这是金银花和其授粉昆虫间特别的"摩斯密码"，一般金银花开花两天后就会从白色变为黄色，而黄色的花，也是在告诉昆虫，我已经授过粉，没有花蜜啦，去找新开的白花吧，这样便能同时提高授粉和采蜜的效率，是一种非常聪明的"视觉语言"。

4. 知识拓展

在植物界中，除了金银花，还有许多植物也同样拥有这种视觉语言，比如路边常见的马缨丹，会由初开的黄色渐渐变成红色；使君子的花会由白色变为深红色，中间还能看到各种程度的粉红色，十分漂亮……这些都是植物在不断演替中与授粉昆虫协同进化出来的独特智慧。

除了有趣的开花特性，金银花的药用价值也受到广泛肯定，金银花露相信不少人都喝过，消暑解渴，十分适合暑热旺盛的炎夏服用。金银花里含有丰富的多糖、绿原酸、黄酮、挥发油等活性成分，可以清热解毒、消炎退肿，对抑制病原体感染、抗炎、降血脂等有一定的作用。

（三）蝶豆

1. 基本信息

蝶豆（*Clitoria ternatea*），又名蝴蝶花豆、蓝花豆、蓝蝴蝶，豆科蝶豆属，攀缘草质藤本。原产于印度，现世界各热带地区常栽培。花、果期7～11月。

2. 形态特征

（1）枝叶特征

蝶豆的茎部和小枝条比较细弱，上面有伏贴的短柔毛，需要细心观察才能注意到，它的叶片是由5片小叶组成的羽状复叶，小叶片椭圆形或近卵形，两面疏被短柔毛。

▲ 蝶豆的羽状复叶　　　　　　　　　　　　▲ 蝶豆叶片背面

（2）花部特征

花朵大，单朵在叶腋着生，基部有2枚披针形的淡绿色苞片，花萼开裂，也是淡绿色的；花冠一般为蓝色，宽倒卵形，中间有一白色或橙黄色斑，子房被短柔毛。作为观赏植物，花大而蓝色，酷似蝴蝶，又名蓝蝴蝶。

（3）果实特征

荚果线状长圆形，长5 ~ 11厘米，宽约1厘米，扁平，外形与荷兰豆相似。

3. 植物趣闻

蝶豆花可作为天然食品色素的来源，在东南亚地区早已广泛用作食品染色剂。在我国的台湾、云南、广西等地常用热水将蝶豆花快速浸提出色素，辅助制作花茶和彩色糯米饭等。

相关研究表明，蝶豆花中含有大量的花青素，是一类植物水溶性天然色素，调配饮品可形成独特的蓝紫色，犹如梦幻星空一般。

▲ 干燥的蝶豆花

▲ 蝶豆花蓝色水溶液

4.景观应用

　　蝶豆在园林植物造景配置中得到大量应用，因其颜色为花卉植物少有的蓝色，极具观赏性，并且对生长环境适应度高，花期长，开花数量多。作为攀缘类植物，经常作为庭园围篱爬蔓，或用于盆栽、吊盆种植。

（四）红萼龙吐珠

1. 基本信息

　　红萼龙吐珠（*Clerodendrum × speciosum*），唇形科大青属，常绿木质藤本植物，也叫红花龙吐珠、美丽龙吐珠，红萼龙吐珠拉丁名的种加词 *speciosum* 正是"美丽"之意。红萼龙吐珠是龙吐珠和美丽赪桐的杂交种。原产于非洲，现我国南方地区广泛引进栽培。

　　传说中的"珠"

▲ 红萼龙吐珠传说中的"珠"

2. 形态特征

（1）枝叶特征

红萼龙吐珠属于常绿蔓性藤本，枝蔓长。叶对生，卵形或长椭圆形，先端渐尖，颜色为浓绿色，叶脉明显。

▲ 红萼龙吐珠叶片表面

▲ 红萼龙吐珠叶片背面

▲ 红萼龙吐珠的红紫色小枝

（2）花部特征

聚伞花序腋生或顶生，小花鲜红色，萼片灯笼状、紫红色；雌雄蕊细长，突出花冠外。花期春至秋末，花后萼片宿存。

▲ 红萼龙吐珠花盛开时，长长的花蕊从盛开的鲜红色花朵里探出，好似巨龙灵活的舌头

▲ 花瓣脱落后，萼片会留在植株上较长时间，仍有观赏价值

3. 植物趣闻

红萼龙吐珠这个名字一听就觉得满满的中国风，但其实这个名字非常贴切该种植物形态，红萼是指它的红色萼片，萼片张开后，真正的花朵会从其中伸出，龙吐珠就是在形容花蕾的样子——圆圆的花蕾像是被吐出的龙珠，这粒"龙珠"还会继续开出一朵小花，花丝纤长，美丽灵动。

4. 相似植物辨别

说到红萼龙吐珠就不得不提一下龙吐珠，它们俩最大的区别是萼片的颜色不同，一红一白，一起来看看它俩有何异同点吧。

龙吐珠（*Clerodendrum thomsoniae*），唇形科大青属常绿木质藤本植物，俗名九龙吐珠、红花龙吐珠。

▲ 龙吐珠聚伞花序腋生或假顶生，花萼白色，花冠深红色

▲ 叶片纸质，狭卵形或卵状长圆形，顶端渐尖，基部近圆形，全缘

▲ 红萼龙吐珠

▲ 龙吐珠

5. 景观应用

　　红萼龙吐珠枝条形态优雅，花朵鲜艳特别，花后萼片宿存，观赏期长，是优良的园林观赏植物。因其蔓性较强，适于种植在廊架、矮坡、阳台，也可在溪林边、山石附近种植。

（五）蒜香藤

1. 基本信息

蒜香藤（*Mansoa alliacea*），又名紫铃藤，紫葳科、蒜香藤属，多年生常绿藤状攀缘灌木。因其枝叶和花揉搓后就会散发出浓烈的大蒜味道，故名蒜香藤。

原产于南美洲亚马孙河流域的热带雨林地区，如圭亚那、巴西，在我国华南地区广泛引种栽培，一般在春秋两季开花，盛花期为 9 ~ 10 月。

2. 形态特征

（1）枝叶特征

枝条呈绿色至灰白色，具肿大的节；复叶对生，每一叶柄的顶端着生 2 片小叶，叶片革质，椭圆形，叶表面深绿而富有光泽。通常在两片小叶之间会长出一条长长的卷须，能攀附其他物体向上生长。

▲ 蒜香藤叶片表面

▲ 蒜香藤叶片背面

▲ 蒜香藤细长的卷须

（2）花部特征

蒜香藤的花量多，并且密集，聚伞花序腋生，每簇花5～20余朵，花冠筒状，漏斗形，开口五裂。花刚开时呈紫色，慢慢褪成粉红色，再变为白色，直至掉落。因此，常常会看到一束束深浅不同的粉紫色花球挂在枝条上，格外引人注目。因其紫色的花朵像铃铛，又叫紫铃藤。

在雨后，闷过一段时间，当你靠近满是花朵的枝下，会闻到一股猛烈的蒜香味，着实让人难忘。

▲ 蒜香藤花蕾

（3）果实特征

果实为蒴果，长 10 ～ 15 厘米，形状为长线形，干后开裂。种子多数，椭圆形，周翅薄如纸。

▲ 蒜香藤果实

▲ 蒜香藤干果及种子

3. 植物趣闻

顶着一个怪异名字的植物，一看到就仿佛闻到了大蒜味，难免让人猜想，它身上是否流淌着大蒜的"血液"。有关研究表明，蒜香藤叶含有二烯丙基二硫醚和二烯丙基三硫醚等有机硫化物，都是大蒜气味的有效成分，因而具有大蒜味。这种特殊气味有天然的驱虫作用，在栽培蒜香藤过程中，无须喷施农药，因为蒜香藤很少受到害虫的危害。

4. 景观应用

蒜香藤为阳性造景植物，喜光，一般用于篱笆、围墙美化，用于庭院的花棚、花架、花廊、花门等垂直绿化装饰。当大量锦簇成团的花朵尽情开放时，犹如一片紫云，蔚为壮观。

三、

乔木类

（一）鸡蛋花

1.基本信息

鸡蛋花（*Plumeria rubra*），夹竹桃科鸡蛋花属，小乔木，原产于墨西哥，现在广泛栽培种植于亚热带地区，在我国主要栽培于广东、广西、云南、福建等地。

鸡蛋花整体都透露着可爱的气息，整棵树远远看过去就是一个不高的圆脑袋，在一众或高大或低矮的草木中显得别具一格。

2.形态特征

（1）枝叶特征

鸡蛋花的叶子有着规整横排的叶脉，像是一把拉长了的芭蕉扇。即便到了冬天，鸡蛋花的叶子掉光了，光滑圆润的枝丫像是新生的小鹿角，依旧继承着同出一脉的可爱，等到来年春夏交接之际，又会在枝丫顶端生出新芽。

（2）花部特征

鸡蛋花的花朵是它最有特色的地方，由于有着和鸡蛋一样的黄白配色而得名鸡蛋花，非常形象。每当到了炎热的夏季，鸡蛋花五瓣顶端圆圆的花瓣就会在枝头盛放开来，远远地看，就像一个个摊开的小荷包蛋，十分可爱；凑近了闻，这些小荷包蛋还有着一股沁人心脾的清香。

3. 植物趣闻

鸡蛋花，相信许多南方的朋友已经非常熟悉了，在许多南方城市的公路旁、公园里、花坛边都能找到它圆乎乎的树影。

由于鸡蛋花有着独特的清香，因此鸡蛋花可以用来提炼芳香精油，在我国云南西双版纳，在泰国等东南亚国家，当地人都喜欢将鸡蛋花作为配饰，或别在头上，或做成花环，不仅好看，而且还能散发香味，充当天然的香水。

此外，鸡蛋花的花语也十分特别，代表着孕育希望、复活和新生，因此鸡蛋花除了是老挝的国花，也是佛教圣花"五树六花"之一，故又名"庙树"或"塔树"。

4. 食用价值

鸡蛋花不仅看着好吃，实际上也确实可以吃，作为有毒家族夹竹桃科中为数不多可以食用的一员，鸡蛋花还具有一定的药用价值，是广东地区传统凉茶"五花茶"中的一花，有着清热利湿、解暑的功效，非常适合在鸡蛋花盛开的炎夏里来上一杯"五花茶"。不过需要注意的是，鸡蛋花的花可以食用，但是它全株流淌的白色乳汁有一定毒性，不要误食哦！

（二）榕树

1.基本信息

    榕树（*Ficus microcarpa*），桑科榕属，高大乔木，高可达 15 ~ 25 米，冠幅广展。广东人常称其为细叶榕，以区分于高山榕等大叶的榕属植物，云南人则称其为万年青，取之郁郁葱葱，常年青翠之意。榕树分布广泛，我国南方各地、东南亚各国均有分布。

2. 形态特征

花果特征

榕树的果实结构特殊，具有独特的隐头花序结构，整个榕属植物均为此结构。隐头花序是指花序轴肉质膨大而下凹成中空的球状体，其凹陷的内壁上着生许多无梗的单性小花，顶端仅有 1 小孔与外面相通，小孔为传粉昆虫的通道，以供进出，人们所熟知的无花果就是隐头花序结构。

3.植物趣闻

　　榕树还具有热带雨林的三个特征，即独木成林、绞杀和板根。榕树在生长中，枝干长出须状的气生根，气生根往下长，扎进土里，土里的部分成为真正的根系，地上部分越来越粗，成长为树干，当这样的气生根越来越多，一棵榕树就成为一片"林子"，即"独木成林"。当榕树的果实或种子落在其他树的枝丫上，在环境适合时，种子便会发芽生根，枝叶往上生长，抢夺阳光雨露，茂密的根系会逐渐包裹住其附生的树干，往下生长，直达土壤，然后根系变粗变壮，紧紧缠住附生的树干，最终使其缺乏营养死亡，把其"绞杀"。为了支撑榕树庞大的身躯，以及对抗沿海地带的台风，榕树还演化出了如同木板状向四周辐射生长的"板根"结构，板根如同火箭的尾翼，极大地增加了榕树的稳定性。

　　树冠宽大，绿叶浓郁的榕树为人们提供了一片浓荫

▲ 榕树的气生根

▲ 榕树幼苗绞杀植物的初期

与清凉，也承载了人们的许多记忆。在各地的村头、寺庙、祠堂、公园广场都能见到榕树的身影，是人们休息、消暑、聊天和议事的好地方，"榕树头"也成了人们心中共知的熟悉地点。古老的大榕树也是神灵的象征，人们对老榕树有着虔诚的敬意，在一些村庄的老榕树下，人们会设置香坛，初一、十五会在老榕树下烧香拜祭，供奉祖先，祈求风调雨顺与安康。

榕树被评为福建省省树，也被福州、赣州、台北和温州等地市评为市树，福州更是广植榕树，有"榕城"之称，皆见证着人们对榕树的喜爱之情。

（三）白兰

1.基本信息

白兰（*Michelia × alba*），又名白兰花、白玉兰和缅桂花，木兰科含笑属，常绿乔木，高可达17米，树冠呈阔伞形，树皮灰白色，枝叶揉之有芳香气。

原产于印度尼西亚爪哇，现广植于东南亚。白兰栽培历史悠久，有记录我国自唐宋时期就多有栽培，为庭院、园林和道路绿化的上佳观赏树种。

2.形态特征

◇ 花部特征

花白色，极香，有花被片10片，花期4~9月，通常不结实。

▲ 白兰盛开

▲ 白兰的花蕾

3.植物趣闻

白兰与东莞植物园还曾有一段历史故事，东莞植物园的前身为东莞县国营板岭林场，当时为了经营林场，工人们种植了大批白兰，采花和鲜叶用以提炼白兰精油，精油则用于香水、化妆品及入药。现如今林场已改制为植物园，原有的白兰也早已不再采摘，昔日的白兰作为历史的见证保留在植物园中，为来园的游客提供阴凉与花香。

白兰由于其优美挺拔的树形和洁白芳香的花朵，深受人们的喜爱，广东很多地市将它确立为市树和市花。如东莞市确立白兰为市花，佛山市更是把市树和市花都确立为白兰，肇庆市和清远市亦把白兰确立为市树。市树和市花确立、命名中有个有意思的小故事，东莞市市花白玉兰（白兰），潮州市市花白兰花（白玉兰），两市的市花名字都是白玉兰，但实际上却分别是两种不同的植物：东莞市市花是白兰（*Michelia × alba*），潮州市市花是白玉兰（*Yulania denudata*），其背后原因是植物学界中物种中文名的同名异物，指同一中文名字指代不同的植物。

4.植物文化

一朵白兰花香气最浓郁时不是在它盛放的时候，而是在它含苞欲放，花瓣将开未开之时。微开的花朵，像蘸满了浓墨的毛笔头，即将在宣纸上写下篇章，白兰则是要在空气中留下浓郁的芳香。

出于对白兰的喜爱，人们为白兰书写下了无数的诗句。比如："轻罗小扇白兰花，纤腰玉带舞天纱。疑是仙女下凡来，回眸一笑胜星华。"将白兰花盛放时的姿态描述得跃然纸上。宋代王镃在《白兰》中写道："楚客曾因葬水中，骨寒化出玉玲珑。生时不饮香魂醒，难着春风半点红。"此中玉玲珑是指白兰花，诗词借白兰悼念和歌颂屈原，投江的屈原，铮铮铁骨化为白兰花，洁白无瑕，不带一丝杂色，不同流合污，绝不妥协。

5.知识拓展

白兰的香气在岁月的沉淀中，藏在不少人的记忆里。在过去，人们喜欢把白兰摘下，将它插在襟上，戴在耳后或干脆放衣兜里，为自己和旁人带来缕缕芳香。卖花的阿婆也会把几朵白兰捆成一扎扎，置于簸箕上，供人们挑选带回家，让家里芳香环绕。

白兰除了能结出极香的白兰花，还能培养出美丽的蝴蝶。有着漂亮蓝色花纹的木兰青凤蝶（*Graphium doson*）喜爱在白兰的叶子上产卵，卵孵化后幼虫就吃白兰的叶子长大，结茧羽化成蝶，变成在白兰枝头翻飞的"花朵"。

（四）木棉

1.基本信息

　　木棉（*Bombax ceiba*），锦葵科木棉属，落叶大乔木，高可达25米，树皮灰白色，幼树树干通常有圆锥状的粗刺，掌状复叶，小叶5～7片。花期3～4月，果夏季成熟，果实为长圆形蒴果，种子埋于丝状棉絮中。

　　木棉又称为木棉花、吉贝、英雄树、斑枝花、攀枝花。广泛分布于全球热带、亚热带地区，我国以岭南与西南地区分布最为集中。

▲ 木棉树整株

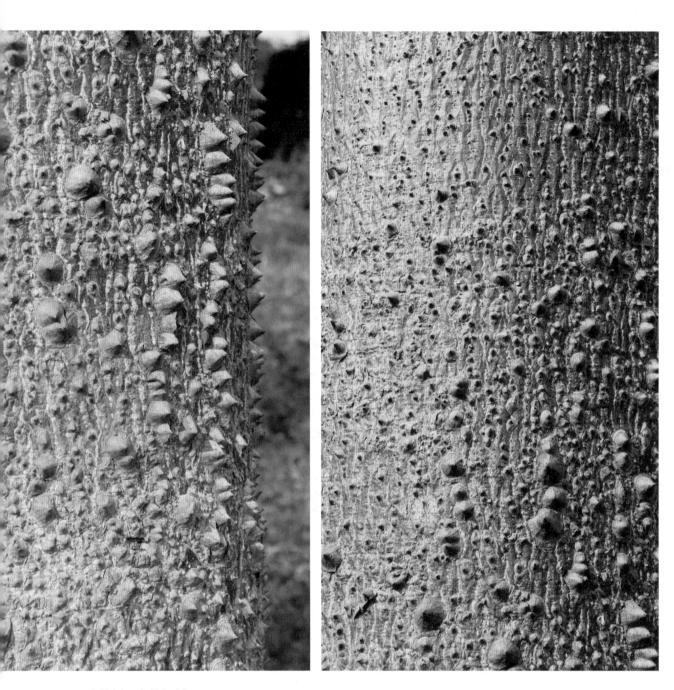

▲ 木棉树干上的粗刺

2. 形态特征

花部特征

花单生于枝顶叶腋，通常红色，有时橙红色；雄蕊多数，达数十枚。

3. 植物文化

当红彤彤的木棉花开，花朵聚生于枝顶，花枝密布叶子脱落后形成的叶痕与皮孔，斑斑驳驳，这就是木棉的另外一个名字——"斑枝花"的由来了。李时珍在《本草纲目》木部中记载道："木棉有草木二种……今人谓之斑枝花，讹为'攀枝花'。"虽说"攀枝花"为讹传，但细品之下亦是动态十足，别有韵味。

身姿挺拔，花朵红艳却不媚俗的木棉也被人们视为英雄的象征，被称为英雄花。清代诗人陈恭尹曾在《木棉花歌》中写道："浓须大面好英雄，壮气高冠何落落。"木棉落落大方，壮硕的躯干直插云霄，枝干苍劲立于天地之间的形象跃然纸上，据说木棉的英雄树之名也是由此传开。木棉的另外一个名字"吉贝"，也与英雄有关。传说在海南五指山，黎族有位叫吉贝的人，他带领黎族人民抵御外敌，战功显赫，被人民所爱戴，后因叛徒出卖，苦战英勇牺牲，人民为了纪念他，把充满英雄气概的木棉叫为"吉贝"，以纪念这位民族英雄。

人们通常用不同的鲜花和植物来形容女性的美好，代表男性品格的植物却不多，木棉属于难得的"男性之花"。它枝干苍劲，傲然挺立于天地之间，不屈不挠，充满阳刚之美。高大挺立的树干上长满皮刺，不容野草杂蔓攀爬，先花而后叶，木棉花盛放之时，如同一团团燃烧的火焰，热情洋溢，颇具气魄。清代岭南诗人张维屏在《东风第一枝》里夸赞道"烈烈轰轰，堂堂正正，花中有此豪杰"，又在《木棉》中写道"春到岭南花不小，众芳丛里识英雄"，皆为对木棉英雄气概之礼赞。

识英雄重英雄，人们把木棉确立为广东广州市、广西崇左市、四川攀枝花市的市花，攀枝花市还是全国唯一以花卉命名的城市，另外中国南方航空公司的标识也是一朵盛放的木棉花，这些都表达了人们对木棉热切的喜爱之情。

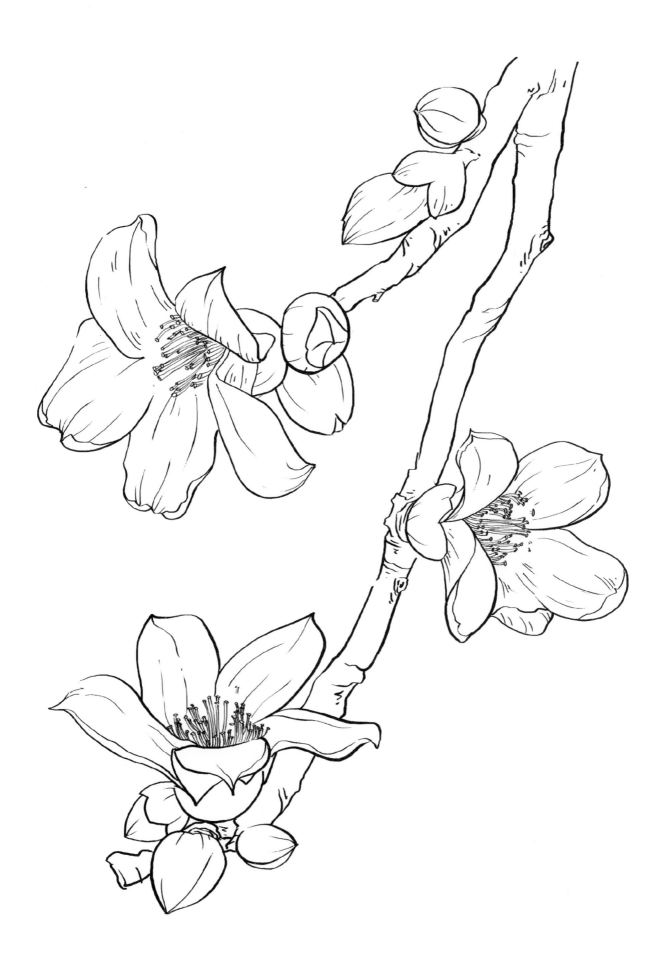

（五）猴面包树

1.基本信息

　　猴面包树（*Adansonia digitata*），锦葵科猴面包树属，落叶乔木。从名字上看，大家应该会觉得很疑惑，怎么会有一种树的名字有"猴"又有"面包"呢？其实是因为在非洲原产地，猴子特别喜欢爬上该种树摘果子吃，而猴面包树果实的果肉长得又有点像面包，故被称为猴面包树。

2. 形态特征

（1）枝叶特征

叶集生于枝顶，小叶通常 5 片，形状有点儿像人张开的手掌，长圆状倒卵形，急尖，上面暗绿色发亮，无毛或背面被稀疏的星状柔毛。

（2）花部特征

　　猴面包树的花苞远看像个绿色的果子，起初真以为是个新生的果实呢。它的花梗很长，花朵较大，悬挂在树上就像一盏盏白色的吊灯，甚是好看。其花瓣反折，数量繁多的雄蕊像蓬蓬裙一样环绕着花柱，顶部点缀着橘色的肾形花药，花丝在下部联合成管，雌蕊长长的，使柱头伸展在外面。

▲ 猴面包树的绿色花苞　　　　　　　▲ 猴面包树开花

（3）果实特征

猴面包树的果实可长达二十几厘米，形状一般为卵圆形或长圆形，有时不太规则，表皮密布天鹅绒一般的棕色柔毛。

▲ 猴面包树果实

▲ 猴面包树种子

猴面包树的果实在原产地能长得很大，虽然名字中有面包二字，却不能像面包那样直接食用，而是要把它掰开，取出果肉加工后食用，比如可以将其磨成粉，加水搅拌作为饮料饮用，口感酸甜，风味独特。

猴面包树果实里含有肾形的深棕色种子，质地硬，数量较多。

▲ 猴面包树果实内部

3. 植物趣闻——古老而又奇特的"生命之树"

在非洲，当地人把猴面包树誉为非洲生命树。为什么呢？原来猴面包树在干旱气候进化出了异常粗壮的树干，其木质疏松，外表看上去很粗壮，但内在都是中空的"假茎"结构，因此当非洲雨季来临时，这种不太致密的木质结构就能吸收大量的水并将其储存在体内。当地人利用猴面包树的这个特性，到了旱季，在确保不伤及树木的情况下，使用工具在树干上打洞取水，满足人们对水的需求，因此猴面包树也被誉为荒原的"储水塔"。

（六）红花羊蹄甲

1. 基本信息

红花羊蹄甲（*Bauhinia* × *blakeana*），豆科羊蹄甲属，乔木，最早发现于我国香港，华南地区广泛栽培。花期全年，春季为盛花期，通常不结果。

2.形态特征

（1）枝叶特征

分枝多，小枝细长，被毛。叶革质，近圆形，基部心形，先端2裂，裂片的顶端钝，叶片表面无毛，背面疏被短柔毛；从叶片基部发出叶脉11～13条。由于叶形奇特，状如羊蹄走过的脚印，故得名羊蹄甲。

▲ 红花羊蹄甲叶片表面

▲ 红花羊蹄甲叶片背面的叶脉

（2）花部特征

　　花朵硕大，红色美艳，花萼佛焰状，花形左右两侧对称，花瓣5枚，中间一枚花瓣上的脉纹较深，呈深紫红色。能育雄蕊5枚，其中3枚较长；细小丝状的退化雄蕊2～5枚；子房具长柄，被短柔毛。

▲ 红花羊蹄甲的佛焰状花萼　　　　　▲ 红花羊蹄甲的花蕾

3. 植物趣闻

红花羊蹄甲为羊蹄甲（*Bauhinia purpurea*）和宫粉羊蹄甲（*Bauhinia variegata*）的天然杂交种，1880 年在香港岛西部薄扶林的钢线湾被首次发现，当时以插枝方式种植。1965 年，红花羊蹄甲被定为香港市花，在香港称为"紫荆花"，可谓深入民心。1990 年，《中华人民共和国香港特别行政区基本法》规定将该花作为区旗和区徽的中心图案。

4. 景观应用

因其通常不能结果繁殖，一般采用高空压条、扦插或嫁接等方式培育苗木，主要栽植于道路两旁作为行道树，或在庭院内种植观赏。作为优良观赏树木，花大而美丽，颜色鲜艳，在盛开时满树繁花。